小小夢想家
貼紙遊戲書
教師

A B C
D E F

新雅文化事業有限公司
www.sunya.com.hk

小小夢想家貼紙遊戲書

教師

編　　寫：新雅編輯室
插　　圖：李成宇
責任編輯：劉慧燕
美術設計：李成宇
出　　版：新雅文化事業有限公司
　　　　　香港英皇道 499 號北角工業大廈 18 樓
　　　　　電話：(852) 2138 7998
　　　　　傳真：(852) 2597 4003
　　　　　網址：http://www.sunya.com.hk
　　　　　電郵：marketing@sunya.com.hk
發　　行：香港聯合書刊物流有限公司
　　　　　香港新界大埔汀麗路 36 號中華商務印刷大廈 3 字樓
　　　　　電話：(852) 2150 2100
　　　　　傳真：(852) 2407 3062
　　　　　電郵：info@suplogistics.com.hk
印　　刷：中華商務彩色印刷有限公司
　　　　　香港新界大埔汀麗路 36 號
版　　次：二〇一五年四月初版
　　　　　二〇二〇年七月第五次印刷

ISBN: 978-962-08-6276-2
18/F, North Point Industrial Building, 499 King's Road, Hong Kong
Published in Hong Kong
Printed in China

小小夢想家，你好！我是一位教師，學生們會稱呼我為「老師」。你想知道教師的工作是怎樣的嗎？請你玩玩後面的小遊戲，便會知道了。

教師小檔案

工作地點： 學校

主要職責： 教導學生知識

性格特點： 學識豐富、親切、有愛心和耐性

老師上班了

老師準備到學校開始一天的工作，請從貼紙頁中選出貼紙貼在下面適當位置。

老師的工作

老師的工作是什麼呢？下面哪些事情是老師的工作，請在 ☐ 內加 ✔。

1.

帶領參觀 ☐

2.

為顧客結賬 ☐

3.

帶領唱遊 ☐

4.

批改功課 ☐

5.

講課 ☐

6.

注射疫苗 ☐

7.

安排上校車 ☐

老師除了教學外，還有很多不同的工作。

檢查學生校服

老師要檢查同學們有沒有穿着適當的衣服上學。請從貼紙頁中選出校服貼紙貼在下面適當位置，為兩位同學穿上整齊的校服吧！

除了校服，有時候我們還會穿體育服上學呢！

學校的設施

學校裏有很多不同的設施。看看下面的圖畫，請把設施名稱的代表字母填在正確的 ☐ 內。

A. 洗手間	B. 鋼琴	C. 書桌和椅子
D. 電腦	E. 玩具	F. 圖書櫃

1.

2.

3. 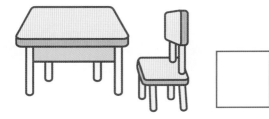

4.

5. 

6.

每間學校的設施各有不同。小朋友，你的學校還有什麼其他設施？

9

在課室裏

老師要到課室裏上課了,一起來看看老師和同學們在課室裏做什麼吧。請從貼紙頁中選出貼紙貼在下面適當位置。

好學生守則

老師要教導同學們成為好學生。請你看看下面的事情，哪些是好學生應該做的，請在 ◯ 內貼上 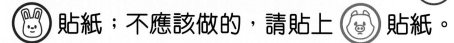貼紙；不應該做的，請貼上 貼紙。

1.

準時上學

2.

儀容不整潔

3.

課堂上先舉手，後發問

4.

穿着整齊的校服

5.

向老師和校長敬禮

6.

和同學爭搶玩具

畫畫時間

小朋友，老師教同學們畫畫，你知道畫的是什麼嗎？請根據提示把下面的圖畫填上顏色。

做得好！

提示：1 - 黃色　　2 - 紅色　　3 - 綠色　　4 - 啡色

文具好幫手

上課時，我們會用到不同的文具，它們各有功用。看看下面的同學，他們需要什麼文具？請把相應的文具貼紙，貼在他們的手上。

體能活動

老師準備和同學們玩拋豆袋遊戲。下面的豆袋排列都是有規律的，請你按規律在 〇 內貼上相應顏色的豆袋貼紙。

做得好！

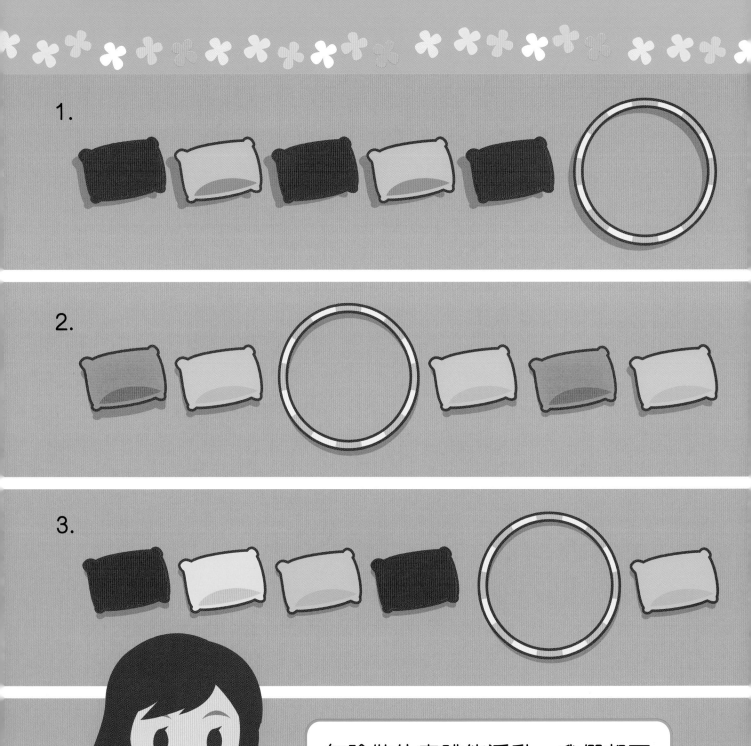

1.

2.

3.

無論做什麼體能活動，我們都要注意安全。

茶點時間

茶點時間到了！老師要把小餅乾平均分給同學，請把餅乾貼紙貼在下面的白色碟子上，讓每位同學都得到和紅色碟子相同的餅乾吧！

做得好！

1.

2.

3.

坐校車

　　同學們放學了！老師要協助安排他們坐校車回家。請按照司機叔叔所說的座位次序，把同學們的頭像貼紙貼在適當的 □ 上。

1. 坐在校車的最後面。

2. 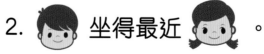 坐得最近 。

3. 坐在 的前面。

4. 坐在司機叔叔的後面。

5. 坐在  和 之間。

批改功課

老師要批改同學的功課。請看看這兩份功課，找出六個不同處，在下面的功課上圈出來。

做得好！

學校生活遊戲棋

　　學校生活真精彩！小朋友，我們一起來玩玩學校生活遊戲棋吧。

遊戲玩法：
1. 先準備一顆骰子和幾枚棋子（可用小紐扣等），把棋子放在「起點」。
2. 由年紀最小的參加者開始遊戲，各人輪流擲骰，根據骰子的點數前進。
3. 當到達有特別指示的格子時，參加者需按指示做。
4. 最快到達「終點」的便勝出！

參考答案

P.6 - P.7

1, 3, 4, 5, 7

P.8

P.9

1. B 2. D 3. C 4. F 5. E 6. A

P.12 - P.13

1.   2. 3.

4. 5. 6.

P.14

P.15

1.   2.   3.

P.16

P.17

1.  2.  3.

P.18

P.19

they are friends.

Certificate

恭喜你！

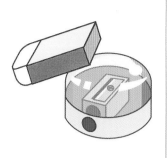

_____（姓名）完成了

小小夢想家貼紙遊戲書：

教師

如果你長大以後也想當教師，

就要繼續努力學習啊！

祝你夢想成真！

家長簽署：_____

頒發日期：_____